TROISIÈME MÉMOIRE

SUR

LA THÉORIE DES NOMBRES,

PAR M. F. LANDRY,

LICENCIÉ ÈS SCIENCES MATHÉMATIQUES.

Mars 1854.

NOUVELLE MÉTHODE

Pour trouver les racines *primitives* de $x^{p-1} \equiv 1$, dans le cas d'un nombre *premier* p.

PARIS,

LIBRAIRIE DE L. HACHETTE ET CIE,

RUE PIERRE-SARRAZIN, N° 14.

(Près de l'École de médecine).

1854.

ERRATA DU DEUXIÈME MÉMOIRE.

PAGES.	LIGNES.	FAUTES.	CORRECTIONS.
3	4	ou plus généralement l'impossibilité	c'est-à-dire l'impossibilité
3	5	$a^n + b^n \equiv c^n$	$a^n + b^n = c^n$
3	13	$a^n + b^n \equiv c^n$	$a^n + b^n = c^n$
4	9	$a^n + b^n \equiv c^n$	$a^n + b^n = c^n$
4	14	nous nous sommes aperçu qu'il	et soupçonnant qu'il
4	17	; et nous en avons conclu l'utilité qu'il y aurait à	, nous avons songé à
4	29	les φ racines de $x^\varphi \equiv 1$ sont *primitives.*	les φ racines de $x^\varphi \equiv 1$ sont *primitives,* excepté 1.
5	17	celui de $x = \varphi$ (2);	celui de $x = \varphi$ ou de $x = 0$ (2);
12	8	φ, et différent de	$\varphi - 1$, et différent de
12	22	moindre que φ, et	moindre que $\varphi - 1$, et
13	22	avaient été réservés (page 5)	avaient été réservés (page 7)
14	11	$4, \varphi, - 3,$	$4, \varphi - 3,$
14	32	$= 17$	$\varphi = 17$

Très-incessamment le deuxième livre des *Recherches nouvelles sur le théorème de Fermat.*

RACINES PRIMITIVES

De $x^{p-1} \equiv 1$ relativement à p, dans le cas d'un nombre *premier* p (*).

Euler, qui s'est beaucoup occupé des racines *primitives*, avoue, dans ses opuscules analytiques (tome premier, page 152), qu'il lui semble extrêmement difficile d'assigner ces nombres, et que leur nature doit être rangée dans les points les plus épineux de la théorie des nombres. Gauss, qui rapporte cette opinion d'Euler (*Recherches arithmétiques*, page 53 de la traduction publiée par Poullet-Deslile en 1807), propose une méthode d'une grande simplicité, mais dont l'application n'est pas sans inconvénient, quant à la longueur des calculs. Enfin M. Cauchy a démontré que les racines *primitives* relatives à un nombre *premier* p se confondent et coïncident avec les racines de certaines relations ou *équivalences*, d'un degré en x égal au nombre de ces racines (*Exercices mathématiques*, 4e année, pages 231 et 236) : ainsi les quatre racines *primitives* de $x^{p-1} \equiv 1$, relativement à $p = 13$, sont les racines de l'*équivalence* $x^4 - x^2 + 1 \equiv 0$. Ces relations s'obtiennent avec facilité pour certaines valeurs de p, mais leur formation est souvent laborieuse, et de plus il resterait à les résoudre. Il ne nous a donc pas paru que cet ingénieux théorème pût servir de base à la recherche dont il s'agit.

Nous nous décidons à faire connaître, pour la détermination de ces nombres, un procédé qui nous paraît simplifier cette recherche; mais, comme on pourrait désirer savoir comment Gauss a résolu la question, pour éviter au lecteur la peine de recourir à des ouvrages que tout le monde n'a pas sous la main, nous commencerons par exposer la méthode de cet auteur.

(*) Le cas où p n'est pas *premier*, se rattache à des questions que nous élaborons en ce moment, et sera examiné ailleurs.

Méthode de Gauss pour déterminer, relativement au nombre *premier* p, les racines *primitives* de $x^{p-1} \equiv 1$.

On prendra un nombre a quelconque moindre que p, et l'on formera la suite des restes des puissances de a, jusqu'à ce que l'on trouve $a^m \equiv 1$. Si m n'est pas égal à $p - 1$, a ne sera pas racine *primitive* de $x^{p-1} \equiv 1$, il sera seulement racine *primitive* de $x^m \equiv 1$, et les divers restes obtenus seront les m racines de cette relation (*).

On prendra alors un nouveau nombre b moindre que p, différent des termes de la période obtenue, et l'on cherchera les restes de ses puissances, jusqu'à ce que l'on trouve $b^n \equiv 1$. Le nombre n ne pourra être égal à m, puisque, si l'on avait $b^m \equiv 1$, b serait racine de $x^m \equiv 1$, et devrait faire partie de la période qui contient toutes ces racines. Ce nombre n ne saurait non plus être un sous-multiple de m; car, si on avait $nn' = m$, $b^n \equiv 1$ conduirait à $b^{nn'} \equiv 1$, c'est-à-dire à $b^m \equiv 1$, et b serait encore racine de $x^m \equiv 1$. Cela posé, imaginons que n soit un multiple de m, b sera racine *primitive* dans le cas particulier de $n = p - 1$; et, si cela n'a pas lieu, on sera plus près du but, puisque n sera plus grand que m.

Mais, si n n'est pas un multiple de m, soit l le plus petit multiple de n et de m, l étant plus grand que m, puisque n ne divise pas ce dernier nombre. On décomposera l en deux facteurs μ et ν *premiers* entre eux, de telle sorte que μ divise m, et que ν divise n (**); puis on prendra $A \equiv a^{\frac{m}{\mu}}$, $B \equiv b^{\frac{n}{\nu}}$; et, comme il en résulte $A^\mu \equiv 1$, et $B^\nu \equiv 1$, on sera certain d'avoir $(A.B)^{\mu\nu} \equiv 1$, c'est-à-dire que A.B sera racine de $x^l \equiv 1$. Il

(*) Nous croyons devoir rappeler que nous entendons par racine *primitive* de x^u relativement à p, un nombre a tel qu'on ne peut avoir $a^z \equiv 1$ pour aucune valeur de z inférieure à u.

(**) On formera μ avec les facteurs *premiers* qui divisent m sans diviser n, et ν avec ceux qui divisent n sans diviser m. Quant aux facteurs *premiers* communs, on les placera indifféremment dans μ ou dans ν, s'ils entrent à la même puissance dans m et dans n; autrement on placera dans μ ceux qui entrent à une plus haute puissance dans m, et dans ν ceux qui entrent à une plus haute puissance dans n.

faut ajouter que A.B sera racine *primitive* de cette relation. Supposons en effet, qu'on puisse avoir $(A.B)^z \equiv 1$, z étant la puisssance minimum de A.B, pour laquelle 1 est résidu. Le nombre z ne peut être qu'un diviseur de l; et, comme μ et ν sont *premiers* entre eux, il faudrait qu'il fût de la forme $\frac{\mu}{z'} \cdot \frac{\nu}{z''}$ · On en conclurait par l'élévation de $(A.B)^z \equiv 1$ à la puissance z' : $B^{\mu\frac{\nu}{z''}} \equiv 1$, à cause de $A^{\mu} \equiv 1$; ou, par l'élévation à la puissance z'' : $A^{\nu\frac{\mu}{z'}} \equiv 1$, à cause de $B^{\nu} \equiv 1$. Or ces deux résultats deviennent $b^{\mu\frac{n}{z''}} \equiv 1$, $a^{\nu\frac{m}{z'}} \equiv 1$, et sont incompatibles, le premier avec $b^n \equiv 1$, à moins de supposer $z'' = 1$, le second avec $a^m \equiv 1$, à moins de supposer $z' = 1$. En effet z'' et z', supposés différents de 1, sont *premiers*, l'un avec μ, et l'autre avec ν, de sorte que $\mu \frac{n}{z''}$ ne saurait être un multiple de n, ni $\nu\frac{m}{z'}$ un multiple de m.

En conséquence, si l'exposant n de $b^n \equiv 1$ n'est pas un multiple de m, on pourra toujours former un nombre A.B tel que l'exposant l de la puissance *minimum* de A.B, pour laquelle 1 est résidu, soit plus grand que m. Que si $l = p - 1$, A.B sera racine *primitive;* si non, en prenant un nombre non compris dans la suite $x^l \equiv 1$, on continuera à augmenter l'exposant de la période, jusqu'à ce que cet exposant soit égal à $p - 1$.

Une fois que l'on connaît une racine *primitive* α de $x^{p-1} \equiv 1$, on obtient toutes les autres, en cherchant les restes des puissances de α dont les exposants sont *premiers* avec $p - 1$.

Nous croyons avoir rendu, avec la simplicité dont elle est susceptible, la belle méthode de Gauss ; mais on remarquera sans doute que la nécessité de déterminer tous les termes des périodes successives, jusqu'à la période finale elle-même (*), est un grave inconvénient.

La méthode que nous avons à exposer, consiste, comme celle de Gauss, à essayer une suite de nombres; mais elle n'exige pas la formation com-

---

(*) Il y a cependant un cas où il n'est pas nécessaire de développer la période finale, c'est lorsque, dans la dernière formation des nombres A.B, on a $l = p - 1$. On en verra un exemple, page 10.

plète des périodes, et conduit, en général, avec assez de rapidité, au but qu'il s'agit d'atteindre. Elle dépend de la résolution de deux questions dont la première a été résolue par Legendre (*Théorie des nombres*, page 208).

PREMIÈRE QUESTION.

Trouver, relativement à p, le résidu de $a^{\frac{p-1}{2}}$, p étant un nombre *premier* quelconque, et a un nombre quelconque non divisible par p.

Ce résidu se trouve avec une grande facilité, à l'aide des principes donnés par Legendre, principes que nous résumons ainsi qu'il suit :

PREMIER PRINCIPE. *Si* $c = ma + c'$, *le résidu de* $c^{\frac{a-1}{2}}$ *relativement à* a, *sera celui de* $c'^{\frac{a-1}{2}}$, *quels que soient* a *et* c.

Nous croyons inutile d'insister sur un théorème aussi simple.

DEUXIÈME PRINCIPE. *Si* c *est un nombre* premier *quelconque non diviseur de* a, *et qu'on représente par* α, β, γ... *les facteurs* premiers *qui restent dans le nombre* a *après la suppression des facteurs carrés*, *on aura :*

$$\frac{a^{\frac{c-1}{2}}}{c} \equiv \frac{\alpha^{\frac{c-1}{2}}}{c} \cdot \frac{\beta^{\frac{c-1}{2}}}{c} \cdot \frac{\gamma^{\frac{c-2}{2}}}{c} \ldots .$$

La raison en est que la puissance $\frac{c-1}{2}$ de tout facteur carré A^2 non divisible par c, donne 1 pour résidu, puisque $(A^2)^{\frac{c-1}{2}}$ revient à A^{c-1}.

Il résulte de ce principe que, si l'on cherche relativement à p, les résidus des nombres *premiers* 2, 3, 5, 7, etc., les résidus des nombres *composés* s'en déduiront immédiatement.

TROISIÈME PRINCIPE. *Le résidu de* $2^{\frac{c-1}{2}}$ *relativement à* c *supposé* premier, *sera* 1 *ou* -1, *suivant que* c *sera de l'une des deux formes* $8n \pm 1$, *ou de l'une des deux formes* $8n \pm 3$ (Legendre, même ouvrage, page 181) (*).

(*) Ce principe fait voir que 2 ne sera jamais racine *primitive*, relativement aux nombres *premiers* de la forme $8n \pm 1$.

QUATRIÈME PRINCIPE. *Quels que soient les nombres* premiers impairs *a et c, s'ils ne sont pas tous deux de la forme* $4n + 3$, *le résidu de* $a^{\frac{c-1}{2}}$ *relativement à c, sera le même que celui de* $c^{\frac{a-1}{2}}$ *relativement à a, et, s'ils sont tous deux de la forme* $4n + 3$, *les résidus seront égaux et de signes contraires.* (Legendre, même ouvrage, pages 198 et 386) (*).

Ces principes, dont Legendre fait usage, page 209 de sa *Théorie des nombres*, conduisent, avec une rapidité presque merveilleuse, à la détermination du résidu de $a^{\frac{p-1}{2}}$ relativement à p. On peut en faire l'application aux exemples traités par cet auteur, et l'on trouvera :

$$\frac{(601)^{506}}{1013} \equiv -1\,;\ \frac{(402)^{464}}{929} \equiv 1\,;\ \frac{(1459)^{11183445}}{22366891} \equiv -1\ (^{**}).$$

Les bornes de ce mémoire nous obligent de renvoyer aux ouvrages de Legendre et de Gauss, pour la démonstration des troisième et quatrième principes.

DEUXIÈME QUESTION.

Reconnaître si un nombre a est racine *primitive* de $x^{p-1} \equiv 1$, relativemeut au nombre *premier* p non diviseur de a.

On cherchera, à l'aide des principes qui précèdent, le résidu de

(*) Cette loi, dite de *réciprocité*, a été donnée par Legendre, dès l'année 1785. Gauss, qui avait soulevé quelques objections contre la démonstration du géomètre français, est arrivé au même résultat que lui, en se fondant sur des principes tout à fait différents. Depuis lors, Legendre, non content de perfectionner à quelques égards ses premiers travaux, a mis, en 1817, sa belle découverte à l'abri de toute critique, en exposant la dernière et la plus simple des démonstrations que Gauss en avait données.

(**) Il ne paraît pas que Legendre ait songé à tirer parti de sa loi de *réciprocité*, pour la résolution des relations $x^{\frac{c-1}{2}} \equiv -1$, relativement à c (résolution des équations *symboliques* $\left(\frac{x}{c}\right) = \pm 1$, page 220). Il fait en effet dépendre la connaissance de ces racines, de celle des racines de $x^{\frac{c-1}{2}} \equiv 1$, de sorte qu'il faut d'abord découvrir toutes ces dernières, les autres ne se déterminant que par voie d'exclusion. (*Voir*, plus bas, page 16.)

$a^{\frac{p-1}{2}}$ relativement à p. Si ce résidu est 1, a ne sera pas racine *primitive* de $x^{\frac{p-1}{2}} \equiv 1$; mais, si ce résidu est -1, il peut se faire que a soit racine *primitive* de cette relation (*).

Pour s'en assurer, soient $\alpha, \beta, \gamma \ldots$ les diviseurs *premiers* impairs de $p-1$, on cherchera les résidus des puissances $a^{\frac{p-1}{2\alpha}}$, $a^{\frac{p-1}{2\beta}}$, $a^{\frac{p-1}{2\gamma}}$,... en commençant par les plus faibles de ces puissances. Cette recherche n'exige pas la formation complète de la période, et l'on peut arriver à trouver les restes qu'il s'agit de connaître, sans passer par tous les termes de la suite (**). Si l'un de ces restes est -1, il est évident que a ne sera pas racine *primitive;* mais si aucun d'eux n'est égal à -1, a sera racine *primitive.*

Pour le démontrer, supposons que a ne soit pas racine *primitive,* et que l'on ait $a^z \equiv 1$, z étant la puissance *minimum* de a, pour laquelle 1 soit résidu. Ce nombre z devant diviser $p-1$, sans diviser $\frac{p-1}{2}$, puisque de $a^z \equiv 1$ on déduirait $a^{\frac{p-1}{2}} \equiv 1$, divisera au moins l'un des nombres $\frac{p-1}{\alpha}$, $\frac{p-1}{\beta}$, $\frac{p-1}{\gamma}$,.... Supposons qu'il divise $\frac{p-1}{\alpha}$, on déduira de $a^z \equiv 1$: $a^{\frac{p-1}{\alpha}} \equiv 1$, et par suite : $(a^{\frac{p-1}{2\alpha}} + 1)(a^{\frac{p-1}{2\alpha}} - 1) \equiv 0$; d'où il faudra conclure $a^{\frac{p-1}{2\alpha}} \equiv -1$, puisqu'on ne saurait avoir $a^{\frac{p-1}{2\alpha}} \equiv 1$ sans tomber en contradiction avec l'hypothèse $a^{\frac{p-1}{2}} \equiv -1$. Si donc a n'était pas racine *primitive,* il devrait donner -1 pour résidu, au moins à l'une des puissances indiquées.

Il est important d'observer que le nombre des puissances $a^{\frac{p-1}{2\alpha}}$,

---

(*) Les *équivalences* de M. Cauchy peuvent servir à cette vérification (*Voir,* plus bas, page 18).

(**) Nous donnerons plus tard, pour cette vérification, une méthode assez rapide, fondée sur la connaissance des u premiers termes de la période.

$a^{\frac{p-1}{2\beta}}$, $a^{\frac{p-1}{2\gamma}}$, ..., dont il s'agit de chercher les résidus, est égal au nombre des diviseurs *premiers* impairs de $p-1$. Lors donc que p sera de la forme 2^k+1, tout nombre a, qui donnera $a^{\frac{p-1}{2}} \equiv -1$, sera racine *primitive*. Il en sera de même si p est de la forme $2n+1$, n étant un nombre *premier* impair, puisque alors $a^{\frac{p-1}{2n}} = a$ (*), pourvu toutefois que a soit différent de $p-1$.

Détermination des racines *primitives* de $x^{p-1} \equiv 1$ relativement à p, p étant un nombre *premier* quelconque.

Tout se réduit à trouver une de ces racines, puisqu'une seule suffit pour déterminer toutes les autres.

Pour y parvenir, on essaiera successivement, à l'aide des moyens indiqués dans les deux questions précédentes, les nombres entiers 2, 3, 4, ..., jusqu'à ce que l'on en trouve un qui satisfasse aux conditions exposées dans la seconde de ces deux propositions (**).

En appliquant cette méthode aux premières valeurs de p, jusqu'à 37, on trouve que 2 est racine *primitive* relativement aux nombres 3, 5, 11, 13, 19, 29 et 37; que 3 est racine *primitive* relativement aux

---

(*) Si, au lieu de la relation $x^{p-1} \equiv 1$, il s'agissait de la relation $x^u \equiv 1$, u étant un diviseur de $p-1$, on pourrait vérifier d'une manière analogue que a est ou n'est pas racine *primitive* de cette relation, relativement à p. Seulement il y aurait deux cas à considérer, suivant que u serait pair ou impair. Dans le premier cas, il faudrait d'abord que le résidu de $a^{\frac{p-1}{2}}$ fût $+1$ si $\frac{p-1}{u}$ était pair, et -1 si $\frac{p-1}{u}$ était impair; il faudrait avoir de plus $a^{\frac{u}{2}} \equiv -1$: le reste de la méthode s'appliquerait à u comme à $p-1$. Dans le deuxième cas, il faudrait d'abord avoir $a^{\frac{p-1}{2}} \equiv 1$, puis $a^u \equiv 1$, et il resterait à examiner si 1 n'est pas résidu pour quelqu'une des puissances de a, qui sont des sous-multiples de u par ses divers facteurs *premiers*.

(**) On aurait une règle semblable pour trouver les racines primitives de $x^u \equiv 1$, relativement à p, u étant un diviseur de $p-1$. Mais il faudrait tenir compte de la note précédente.

nombres 7, 17 et 31 ; et que 5 est racine *primitive* relativement à 23 (*).

Pour les valeurs suivantes de p

41, 43, 47, 53, 59, 61, 67, 71, 73, 79, 83, 89, 97, 101, ... ,

on trouve respectivement, relativement à ces nombres, les racines *primitives minima*

6, 3, 5, 2, 2, 2, 2, 7, 5, 3, 2, 3, 5, 2,... .

Dans l'application de sa méthode au cas de $p = 73$, Gauss commence par essayer 2, et il trouve $2^9 \equiv 1$: il en conclut que 2 n'est pas racine *primitive*. Essayant alors 3 qui n'est pas compris dans la période $x^9 \equiv 1$, il trouve $3^{12} \equiv 1$. De $2^9 \equiv 1$, et de $3^{12} \equiv 1$, il déduit :

$$l = 36,\ \mu = 9,\ \nu = 4;\ \frac{m}{\mu} = \frac{9}{9},\ \frac{n}{\nu} = \frac{12}{4};\ \mathrm{A} = 2,\ \mathrm{B} = 3^3,\ \mathrm{A.B} = 54.$$

Les puissances de 54 lui servent à former la période $x^{36} \equiv 1$; essayant alors 5 qui n'est pas compris dans cette suite, il trouve que ce dernier nombre est racine *primitive*. Observons que, si 5 eût été racine de $x^{36} \equiv -1$, sans être racine *primitive*, il eût fallu composer un nouveau nombre A′. B′, à l'aide de 5 et de 54. Ce dernier seulement eût été racine *primitive*. C'est ainsi que 52, qui n'est pas compris dans la période $x^{36} \equiv 1$, donne $52^{24} \equiv 1$, et 24 n'est pas un multiple de 36. Si donc on eût essayé 52 au lieu de 5, on aurait dû prendre :

$$l = 72,\ \mu = 9,\ \nu = 8;\ \frac{m}{\mu} = 4,\ \frac{n}{\nu} = 3;\ \mathrm{A}' = 54^4,\ \mathrm{B}' = 52^3,\ \mathrm{A}'.\mathrm{B}' = 16.10 \equiv 14;$$

et on en aurait conclu que 14 est racine *primitive* de $x^{72} \equiv 1$.

La méthode que nous proposons, donne, pour le même cas de $p = 73$:

$\frac{2^{36}}{73} \equiv 1$, et $\frac{3^{36}}{73} \equiv \frac{73}{3} \equiv 1$, ce qui rend inutile l'essai des nombres 2 et 3. Mais, comme $\frac{5^{36}}{73} \equiv \frac{73^2}{5} \equiv \frac{3^2}{5} \equiv -1$, il reste à savoir si $\frac{5^{\frac{36}{3}}}{73}$ ou

(*) Tous ces résultats sont connus (*Exercices mathématiques*, pages déjà citées). M. Lefébure de Fourcy, qui les donne, à la page 233 de ses *Leçons d'algèbre*, a laissé subsister une faute d'impression dans le tableau qu'il présente. Le nombre 13, qui s'y trouve parmi les racines *primitives* de 23, ne doit pas en faire partie; et 19, qui en doit faire partie, est omis.

$\frac{5^{12}}{73}$ donne — 1 pour résidu, ce qui n'est pas, car on trouve $5^{12} \equiv 9$. En conséquence 5 est racine *primitive*.

Il est loisible à chacun de vérifier qu'il ne faut pas beaucoup plus de temps pour construire, par notre méthode, la table donnée plus haut jusqu'à $p = 101$, qu'il n'en faut pour appliquer la méthode de Gauss au seul cas de $p = 73$.

Si on voulait exclure, à l'avance, tous les nombres qui donnent 1 pour résidu relativement à p, afin de n'avoir à s'occuper que de ceux qui donnent — 1 pour reste, on pourrait y parvenir en résolvant la relation $x^{\frac{p-1}{2}} \equiv 1$, par la méthode des carrés (Legendre, page 220). Mais, en procédant de cette manière, on est obligé de se procurer toutes ces solutions, travail assez long, bien que très-facile, à moins de ne considérer que les premières valeurs de p.

Il nous reste à présenter deux observations ayant pour objet d'atténuer la crainte que l'on pourrait concevoir, d'être entraîné, dans certains cas, à un grand nombre d'essais infructueux, même alors que p ne serait pas très-considérable.

Première observation. — Sur le nombre des valeurs qui donnent — 1 pour résidu, sans être racines *primitives.*

Rappelons d'abord qu'il n'y a que $\frac{p-1}{2}$ nombres α qui donnent — 1 pour résidu, que parmi eux se trouvent toutes les racines *primitives*, et qu'il y a autant de racines de cette nature qu'il y a de nombres *premiers* avec $p - 1$.

Ces principes rappelés, si on cherche combien il existe de nombres moindres que $p - 1$, et *premiers* avec lui, il est clair qu'il suffira de retrancher ce résultat e de $\frac{p-1}{2}$, pour savoir combien il y a de valeurs α qui donnent — 1 pour résidu, sans être racines *primitives.* Soit donc $E = \frac{p-1}{2} - e$, on voit qu'on ne pourra pas faire plus de E essais, sans rencontrer une racine *primitive*. Le nombre e est donné par la formule

$e = (p-1)\left(1-\frac{1}{\lambda}\right)\left(1-\frac{1}{\mu}\right)\left(1-\frac{1}{\nu}\right) \ldots$, dans laquelle on représente par λ, μ, ν... les facteurs *premiers* de $p-1$ (*).

D'ailleurs le nombre des essais infructueux dont la limite est E, pourra toujours être diminué, si on se dispense d'essayer les restes des puissances impaires de tout nombre α qui aurait donné -1 pour résidu, et ne serait pas racine *primitive*. C'est ainsi que, si z est la puisssance *minimum* pour laquelle $\alpha^z \equiv -1$, les résidus des puissances impaires de α donneraient également -1 pour reste, étant élevés à la puissance z. Il serait donc inutile d'essayer ces différents nombres; ajoutons que, comme on commence par les plus petites valeurs de α, les résidus des puissances de ces valeurs sont faciles à obtenir.

Deuxième observation. Dans l'essai successif des nombres entiers, les nombres α qui donnent -1 pour résidu, peuvent-ils tarder beaucoup à se présenter?

Pour répondre à cette question, il suffira de considérer les nombres *premiers*, puisque, les résidus des nombres *composés* se déduisant de ceux des nombres *premiers*, aucun nombre *composé* ne pourra donner -1 pour résidu, si les nombres *premiers* qui le précèdent dans la suite, ont tous 1 pour résidu. Nous allons donc chercher les conditions imposées à p, pour que les résidus des nombres *premiers* 2, 3, 5, 7, 11 soient égaux à 1.

D'abord il est évident que p devra être de l'une des deux formes $8n \pm 1$, sans quoi le résidu de $\frac{2}{p}^{\frac{p-1}{2}}$ serait -1.

Maintenant, pour le résidu du nombre 3, on a $\frac{3}{p}^{\frac{p-1}{2}} \equiv \frac{p}{3}$, si p est de la forme $4n+1$; et l'on a $\frac{3}{p}^{\frac{p-1}{2}} \equiv -\frac{p}{3}$, si p est de la forme $4n+3$. Or, p ne pouvant être que de l'une des deux formes $3p' \pm 1$, il est évident

(*) Voyez la note troisième, page 23.

qu'on aura 1 pour résidu, lorsque p sera à la fois de la forme $4n+1$, et de la forme $3p'+1$; ou bien lorsqu'il sera en même temps de la forme $4n+3$, et de la forme $3p'-1$. Il résulte de cette simultanéité de formes imposée à p, que ce nombre devra être de l'une des deux formes $12n \pm 1$.

En conséquence, pour que 2 et 3 donnent 1 pour résidu relativement à un nombre *premier* p, il faut que p soit en même temps de l'une des deux formes $8n \pm 1$, et de l'une des deux formes $12n \pm 1$. En écartant les formes incompatibles, on trouve que p devra être de l'une des deux formes $24n \pm 1$. Les seuls nombres *premiers* de cette forme, jusqu'à 100, sont 23, 47, 71, 73 et 97.

Cherchons de même la condition imposée à p, pour que le nombre 5 donne aussi 1 pour résidu. Nous avons : $\frac{5}{p}^{\frac{p-1}{2}} \equiv \frac{p^2}{5}$; et, les formes dont p est susceptible étant $5p' \pm 1$, $5p' \pm 2$, on aura $\frac{p^2}{5} \equiv 1$ pour les deux premières, et $\frac{p^2}{5} \equiv -1$ pour les deux autres. Le nombre p devra donc avoir l'une des deux formes $5p' \pm 1$; et, comme il doit déjà être de l'une des deux formes $24n \pm 1$, il devra être de l'une des quatre formes $120n \pm 1$, $120n \pm 49$. Ainsi, jusqu'à 100, 71 est la seule valeur de p pour laquelle 2, 3 et 5 donneraient 1 pour résidu. Jusqu'à 1000, il n'y aurait pour p que les quinze valeurs suivantes :

71, 191, 239, 241, 311, 359, 409, 431, 479, 599, 601, 719, 769, 839, 911.

Cherchons encore la condition pour que le résidu de 7 soit 1. Si p n'est pas de la forme $4n+3$, le résidu est $\frac{7}{p}^{\frac{p-1}{2}} \equiv \frac{p^3}{7}$; et, si p est de la forme $4n+3$, le résidu sera $\frac{7}{p}^{\frac{p-1}{2}} \equiv -\frac{p^3}{7}$. Or les valeurs de p sont $7p' \pm 1$, $7p' \pm 2$, $7p' \pm 3$; et les cubes des nombres $1, 2, -3$, donnent 1 pour résidu relativement à 7 : il est donc évident que p devra être de l'une des formes $7p'+1$, $7p'+2$, $7p'-3$, lorsqu'il sera différent de $4n+3$; et qu'il devra être de l'une des formes $7p'-1$, $7p'-2$, $7p'+3$, lorsqu'il sera égal à $4n+3$. Ainsi, pour qu'aucun des nombres 2, 3, 5 et 7 ne puisse donner d'autre résidu que 1 relativement à p, il faudra que ce dernier soit simultanément de l'une des formes $120n + 1$, $120n + 49$, et de l'une des formes $7p' + 1$, $7p' + 2$, $7p' - 3$; ou bien il faudra qu'il soit en même temps de l'une des formes $120n - 1$, $120n - 49$, et de l'une des formes $7p' - 1$, $7p' - 2$, $7p' + 3$. Or on trouve que, pour satisfaire à ces conditions, p doit être de l'une des douze formes indiquées par la formule $840n \pm a$, dans laquelle a représente l'un des nombres 1, 121, 169, 289, 311, 361. Le nombre p devant être *premier*, il ne se trouve jusqu'à 1000 que les quatre nombres 311, 479, 719 et 839 qui aient la forme voulue. Jusqu'à 10000, il ne s'en trouve que 66.

Enfin, si on veut chercher la condition pour que le résidu de 11 soit égal à 1, on a : $\frac{11}{p}^{\frac{p-1}{2}} \equiv \frac{p^5}{11}$, lorsque p est de la forme $4n + 1$; et l'on a : $\frac{11}{p}^{\frac{p-1}{2}} \equiv -\frac{p^5}{11}$, dans le cas de $p = 4n + 3$. Or les formes de p sont $11p' \pm a$, a représentant l'un des nombres 1, 2, 3, 4, 5; et, comme, relativement à 11, 1 est résidu des puissances cinquièmes des nombres 1, — 2, 3, 4, 5, on voit que les formes $11p' \pm 1$, $11p' \mp 2$, $11p' \pm 3$, $11p' \pm 4$, $11p' \pm 5$, dont p est susceptible, devront être prises avec le signe supérieur, si $p = 4n + 1$; et qu'elles devront l'être avec le signe inférieur, si $p = 4n + 3$. Il restera à faire concorder ces nouvelles expressions de p avec les précédentes, et l'on trouvera que la forme générale de p devient $9240n \pm a$, dans laquelle a désigne l'une des trente valeurs particulières que voici :

1, 169, 289, 361, 479, 529, 841, 961, 1151, 1319,
1369, 1559, 1679, 1681, 1849, 2209, 2351, 2641, 2689, 2809,
2999, 3071, 3481, 3529, 3671, 3721, 3911, 4199, 4321, 4489.

On pourrait pousser plus loin cette analyse; et, en continuant seulement jusqu'au nombre *premier* suivant qui est 13, on obtiendrait pour la forme générale de p $120120n + a$, le nombre a représentant 360 valeurs particulières différentes. Les nombres *premiers* compris dans ces 360 valeurs particulières seraient donc jusqu'à 120120, les seuls pour lesquels 2, 3, 5, 7, 11 et 13 donneraient tous 1 pour résidu.

Mais, si on s'arrête à la formule $9240n \pm a$, et qu'on la développe jusqu'à 10000, on ne trouve que 28 nombres *premiers*, dont voici la liste :

479, 1151, 1319, 1559, 2351, 2689, 2999, 3529, 3671, 3911, 4751, 4919, 5519, 5569, 5711, 6551, 6599, 7559, 7561, 7681, 8089, 8761, 8951, 9239, 9241, 9601, 9719, 9769.

Sur ces 28 nombres, il y en a 21 relativement auxquels 13 donne — 1 pour résidu, savoir :

479, 1151, 1319, 2351, 2689, 3529, 3671, 3911, 4751, 4919, 5519, 5569, 6599, 7559, 7561, 7681, 8951, 9241, 9601, 9719 et 9769.

Parmi les sept qui restent, il s'en trouve cinq pour lesquels 17 donne — 1 pour résidu, ce sont : 1559, 2999, 6551, 8089 et 8761. Enfin 19 donne — 1 pour résidu, relativement aux deux derniers 5711 et 9239.

On peut donc affirmer que, si le nombre *premier* p ne dépasse pas 10000, quelqu'un des nombres *premiers* de 2 à 19 inclusivement, sinon plusieurs, donnera, relativement à p, — 1 pour résidu.

NOTES DU TROISIÈME MÉMOIRE.

Résolution des relations $\frac{x}{p}^{\frac{p-1}{2}} \equiv \pm 1$.

La méthode que nous avons reproduite d'après Legendre, peut être employée à faire connaître si un nombre a est racine de $x^{\frac{p-1}{2}} \equiv 1$, ou de $x^{\frac{p-1}{2}} \equiv -1$; nous nous proposons, dans cette note, de déterminer *directement* toutes les solutions de l'une et de l'autre relation (*).

Prenons, pour exemples, les deux cas traités par Legendre, à la page 220 déjà citée, celui de $p=41$, et celui de $p=59$.

Premier exemple, $p=41$. On a immédiatement : $\frac{2^{20}}{41}\equiv 1, \frac{5^{20}}{41}\equiv\frac{41^{2}}{5}\equiv 1, \ldots$; on a également : $\frac{3^{20}}{41}\equiv\frac{41}{3}\equiv -1, \frac{7^{20}}{41}\equiv\frac{41^{3}}{7}\equiv\frac{6^{3}}{7}\equiv -1, \ldots$. Ainsi 2, 4, 5, 8, 9, 10, ... sont racines de $x^{20}\equiv 1$; et 3, 6, 7, 12, 14 ..., sont racines de $x^{20}\equiv -1$.

Mais, si on cherche la racine *primitive minimum* de $x^{40}\equiv 1$, chose facile par le procédé nouveau qui en fait un jeu charmant, cette racine qui est 6, donnera toutes les solutions demandées, et pourra même donner

(*) Le procédé de Legendre consiste à former les carrés des nombres entiers, 1, 2, 3, 4 ... $\frac{p-1}{2}$. Les restes de ces puissances sont les racines de $x^{\frac{p-1}{2}}\equiv 1$, et les nombres qui ne sont pas compris dans cette suite de restes, sont les racines de $x^{\frac{p-1}{2}}\equiv -1$. Les carrés se forment d'ailleurs avec facilité, les uns des autres, par la méthode des différences.

toutes les périodes particulières qui appartiennent aux sous-multiples de 20, savoir :

$$x^{10} \equiv \pm 1, \quad x^{5} \equiv \pm 1, \quad x^{4} \equiv \pm 1, \quad x^{2} \equiv \pm 1.$$

En effet, à cause de $6^{20} \equiv -1$, toutes les puissances impaires de 6 seront racines de $x^{20} \equiv -1$, et toutes les puissances paires seront racines de $x^{20} \equiv 1$. Les résidus des vingt premières puissances impaires, et ceux des vingt premières puissances paires seront d'ailleurs différents, puisque 6 est racine *primitive* de $x^{40} \equiv 1$. On trouve ainsi, pour les solutions de $x^{20} \equiv -1$,

6, 11, 27, 29, 19, 28, 24, 3, 26, 34, 35, 30, 14, 12, 22, 13, 17, 38, 15, 7;

et, pour les solutions de $x^{20} \equiv 1$,

36, 25, 39, 10, 32, 4, 21, 18, 33, 40, 5, 16, 2, 31, 9, 37, 20, 23, 8, 1.

Maintenant, pour les périodes $x^{10} \equiv \pm 1$, on déduirait de $6^{20} \equiv -1$: $(6^2)^{10} \equiv -1$. Les restes des dix premières puissances impaires de 6^2 seront donc les racines de $x^{10} \equiv -1$, et les restes des dix premières puissances paires du même nombre seront les racines de $x^{10} \equiv 1$. On suivrait une marche analogue pour trouver les périodes $x^5 \equiv \pm 1$, $x^4 \equiv \pm 1$, $x^2 \equiv \pm 1$.

On voit d'ailleurs que, la période complète $x^{40} \equiv 1$ contenant toutes les autres, il suffit, pour obtenir ces diverses périodes, de prendre les termes de celle-là, de deux en deux, à partir du premier et du second; de quatre en quatre, à partir du second et du quatrième; de huit en huit, à partir du quatrième et du huitième; de dix en dix, à partir du cinquième et du dixième; de vingt en vingt, à partir du dixième et du vingtième. Le premier des deux nombres qui servent de points de départ, dans ces différents cas, conduit aux périodes dont le second membre est -1; le second conduit aux périodes dont le second membre est 1. Généralement une période $x^m \equiv 1$ pourra donner, d'une manière semblable, toutes celles dont l'exposant est un sous-multiple du sien; et l'on peut remarquer aussi que, dans toute période $x^{2n} \equiv 1$, les termes de rang impair sont les solutions de $x^n \equiv -1$, et que ceux de rang pair sont les racines de $x^n \equiv 1$. Mais les périodes particulières peuvent s'obtenir *directement* par la méthode indiquée, à l'aide d'une seule racine *primitive* de $x^{p-1} \equiv 1$, sans qu'il soit nécessaire de connaître aucune autre période.

Deuxième exemple, $p = 59$. Aussitôt que l'on se sera assuré que 2 est racine *primitive* relativement à 59, on trouvera les solutions de $x^{29} \equiv -1$, à l'aide des puissances impaires de 2, et celles de $x^{29} \equiv 1$, à l'aide des puissances paires de ce nombre.

Les premières sont : 2, 8, 32, 10, 40, 42, 50, 23, 33, 14, 56, 47, 11, 44, 58, 55, 43, 54, 39, 38, 34, 18, 13, 52, 31, 6, 24, 37 et 30.

Les secondes sont : 4, 16, 5, 20, 21, 25, 41, 46, 7, 28, 53, 35, 22, 29, 57, 51, 27, 49, 19, 17, 9, 36, 26, 45, 3, 12, 48, 15 et 1.

Ce qui revient ici à former la période complète $x^{58} \equiv 1$, et à prendre séparément les termes de rang impair, et ceux de rang pair.

DEUXIÈME NOTE.

Sur les *équivalences* de M. Cauchy. Leur *utilité* comme moyen de vérification ; leur *formation*, leur *degré*.

1. Proposons-nous d'abord de faire servir les *équivalences* à vérifier si un nombre α qui donne -1 pour résidu, est racine *primitive*. Prenons, pour exemple, $p=31$. Développons le quotient $\frac{(x^{15}+1)(x+1)}{(x^5+1)(x^3+1)}$, l'*équivalence* sera : $x^8 + x^7 - x^5 - x^4 - x^3 + x + 1 \equiv 0$. Le nombre 3 donnant -1 pour résidu, puisque $\frac{3^{15}}{31} \equiv -\frac{31}{3} \equiv -1$, il y a lieu d'essayer ce nombre ; et, comme il résout l'*équivalence*, il est racine *primitive*. Le nombre 6 donne aussi -1 pour résidu, puisque $\frac{6^{15}}{31} = \frac{2^{15}}{31} \cdot \frac{3^{15}}{31} \equiv -1$; mais il ne vérifie pas l'*équivalence*, et n'est pas racine *primitive*.

Le calcul à faire sur l'*équivalence*, pour vérifier si un nombre tel que 6 est ou n'est pas racine *primitive*, peut être simplifié. En effet l'*équivalence* devient une équation, lorsqu'on lui restitue le multiple de 31 supprimé dans le second membre. Il ne s'agit donc plus que de vérifier si le nombre 6 est racine de $x^8 + x^7 - x^5 - x^4 - x^3 + x + 1 = 31m$. L'indéterminée m n'est pas un obstacle à l'application du procédé ordinaire, et la méthode conduit aux conditions suivantes :

$$31m - 1 = 6m_1;\; m_1 - 1 = 36m_2 \equiv 5m_2;\; m_2 + 1 = 6m_3;$$
$$m_3 + 1 = 6m_4;\; m_4 + 1 = 36m_5 \equiv 5m_5;\; m_5 - 1 = 6m_6;\; m_6 - 1 = 0.$$

On en déduit successivement :

$$m_6 = 1;\; m_5 = 7;\; m_4 = 34 \equiv 3;\; m_3 = 17;$$
$$m_2 = 101 \equiv 8;\; m_1 = 41 \equiv 10;\; 31m \equiv 61.$$

Or ce dernier résultat est absurde.

2. Occupons-nous maintenant de la formation des *équivalences*.

La règle générale peut être exprimée très-simplement par la formule $\dfrac{\left(x^{\frac{p-1}{2}} + 1\right).\, F(x)}{\left(x^{\frac{p-1}{2\alpha}} + 1\right)\left(x^{\frac{p-1}{2\beta}} + 1\right)\left(x^{\frac{p-1}{2\gamma}} + 1\right)\ldots}$, dans laquelle on représente par α, β, γ... les diviseurs *premiers* impairs de $p - 1$, et par $F(x)$ un certain produit formé des diviseurs en x, communs à plusieurs des facteurs binômes du dénominateur.

Cette formule, démontrée dans les *Exercices mathématiques*, peut se justifier par un petit nombre de considérations que nous essayons de présenter brièvement.

On sait que, si $f(x)$ est un diviseur de $x^{p-1} - 1$, la relation $f(x) \equiv 0$ admet autant de solutions différentes, moindres que p, qu'il y a d'unités dans le degré de la fonction. Or $x^{\frac{p-1}{2}} + 1$, qui est un diviseur de $x^{p-1} - 1$, est en même temps un multiple de chacun des diviseurs binômes $x^{\frac{p-1}{2\alpha}} + 1, x^{\frac{p-1}{2\beta}} + 1, x^{\frac{p-1}{2\gamma}} + 1, \ldots$ puisque $\frac{p-1}{2}$ est un multiple *impair* (*) de chacun des nombres $\frac{p-1}{2\alpha}, \frac{p-1}{2\beta}, \frac{p-1}{2\gamma}, \ldots$.

(*) Qu'on nous passe cette expression, qui signifie : *par un nombre impair.*

Il est dès lors évident que la division, indiquée par la formule, fait disparaître de la relation de $x^{\frac{p-1}{2}} + 1 \equiv 0$, qui contient toutes les racines *primitives*, les solutions qui ne sont pas racines *primitives*, et qui, d'après notre théorie, sont toutes comprises dans les relations

$$x^{\frac{p-1}{2\alpha}} + 1 \equiv 0, \quad x^{\frac{p-1}{2\beta}} + 1 \equiv 0, \quad x^{\frac{p-1}{2\gamma}} + 1 \equiv 0, \ldots ;$$

mais, comme plusieurs de ces dernières relations ont des racines communes, la fonction F (x) doit être prise de manière que les facteurs communs en x qui correspondent à ces racines, soient en égal nombre dans les deux termes de l'expression (voir ci-dessous, la loi de formation des quotients successifs).

Quand on vient à faire une application de la formule dans le cas d'un seul facteur binôme, les résultats s'obtiennent aussitôt. Ainsi, pour $p = 37$, on a : $\frac{x^{18}+1}{x^6+1} = x^{12} - x^6 + 1$; mais il n'en est plus de même quand il en existe plusieurs. Pour $p = 211$, par exemple, la formule serait $\frac{(x^{105}+1)(x^7+1)(x^5+1)(x^3+1)}{(x^{35}+1)(x^{21}+1)(x^{15}+1)(x+1)}$, résultat qui serait fort long à développer, après quoi il resterait à résoudre une *équivalence* du 48e degré.

Notre méthode évite ces opérations laborieuses : ainsi, dans ce dernier exemple, pour vérifier 2 qui donne $\frac{2^{105}}{211} \equiv -1$, on trouve aussitôt :

$$2^{\frac{105}{7}} = 2^{15} \equiv 63 ; \quad 2^{\frac{105}{5}} = 2^{21} \equiv 23 ; \quad 2^{\frac{105}{3}} = 2^{35} \equiv 197 ;$$

et, comme aucune de ces puissances ne donne -1 pour résidu, on en conclut que 2 est racine *primitive* relativement à 211.

3. Nous ne pouvons quitter ce sujet, sans déduire du degré même de l'*équivalence* la formule qui donne le nombre des racines *primitives*.

Le théorème dépend de la loi suivant laquelle se forment les quotients successifs de $x^{\frac{p-1}{2}} + 1$ par les divers facteurs binômes.

Le premier quotient s'obtient en divisant $x^{\frac{p-1}{2}} + 1$ par $x^{\frac{p-1}{2\alpha}} + 1$;

son expression est donc $\dfrac{x^{\frac{p-1}{2}}+1}{x^{\frac{p-1}{2\alpha}}+1}$.

Pour former le deuxième, il faut d'abord retirer du second facteur binôme $x^{\frac{p-1}{2\beta}}+1$, les diviseurs qui lui sont communs avec $x^{\frac{p-1}{2\alpha}}+1$, et qui sont $x^{\frac{p-1}{2\alpha\beta}}+1$. Ce deuxième quotient se formera alors du premier $\dfrac{x^{\frac{p-1}{2}}+1}{x^{\frac{p-1}{2\alpha}}+1}$ divisé par $\dfrac{x^{\frac{p-1}{2\beta}}+1}{x^{\frac{p-1}{2\alpha\beta}}+1}$, et sera $\dfrac{\left(x^{\frac{p-1}{2}}+1\right)\left(x^{\frac{p-1}{2\alpha\beta}}+1\right)}{\left(x^{\frac{p-1}{2\alpha}}+1\right)\left(x^{\frac{p-1}{2\beta}}+1\right)}$.

Pour obtenir le troisième quotient, il faut, avant de diviser par le troisième facteur binôme $x^{\frac{p-1}{2\gamma}}+1$, supprimer dans ce dernier les facteurs qui lui sont communs avec $\left(x^{\frac{p-1}{2\alpha}}+1\right)\left(x^{\frac{p-1}{2\beta}}+1\right)$: ces facteurs communs sont $\dfrac{\left(x^{\frac{p-1}{2\alpha\gamma}}+1\right)\left(x^{\frac{p-1}{2\beta\gamma}}+1\right)}{x^{\frac{p-1}{2\alpha\beta\gamma}}+1}$. En effet, les facteurs communs à $x^{\frac{p-1}{2\gamma}}+1$ et à $x^{\frac{p-1}{2\alpha}}+1$ sont $x^{\frac{p-1}{2\alpha\gamma}}+1$, ceux qui lui sont communs avec $x^{\frac{p-1}{2\beta}}+1$ sont $x^{\frac{p-1}{2\beta\gamma}}+1$; il s'agit donc de supprimer dans $x^{\frac{p-1}{2\gamma}}+1$ les diviseurs qui lui sont communs avec $\left(x^{\frac{p-1}{2\alpha\gamma}}+1\right)\left(x^{\frac{p-1}{2\beta\gamma}}+1\right)$; et, comme, pour supprimer dans $x^{\frac{p-1}{2}}+1$ les facteurs qui lui sont communs avec $\left(x^{\frac{p-1}{2\alpha}}+1\right)\left(x^{\frac{p-1}{2\beta}}+1\right)$, on l'a divisé par $\dfrac{\left(x^{\frac{p-1}{2\alpha}}+1\right)\left(x^{\frac{p-1}{2\beta}}+1\right)}{x^{\frac{p-1}{2\alpha\beta}}+1}$, de même il faut diviser $x^{\frac{p-1}{2}}+1$ par $\dfrac{\left(x^{\frac{p-1}{2\alpha\gamma}}+1\right)\left(x^{\frac{p-1}{2\beta\gamma}}+1\right)}{x^{\frac{p-1}{2\alpha\beta\gamma}}+1}$, puisque, pour passer d'une expression à l'autre, il n'y a qu'à remplacer $\frac{p-1}{2}$ par $\frac{p-1}{2\gamma}$. Le troisième quotient sera donc

$$\frac{\left(x^{\frac{p-1}{2}}+1\right)\left(x^{\frac{p-1}{2\alpha\beta}}+1\right)}{\left(x^{\frac{p-1}{2\alpha}}+1\right)\left(x^{\frac{p-1}{2\beta}}+1\right)} : \frac{\left(x^{\frac{p-1}{2\gamma}}+1\right)\left(x^{\frac{p-1}{2\alpha\beta\gamma}}+1\right)}{\left(x^{\frac{p-1}{2\alpha\gamma}}+1\right)\left(x^{\frac{p-1}{2\beta\gamma}}+1\right)}.$$

En conséquence, dans la formation successive des divers quotients, le dernier obtenu devient dividende, et le diviseur qui doit servir à le diviser, se forme du dividende lui-même, en y remplaçant $\frac{p-1}{2}$ par $\frac{p-1}{2\lambda}$, λ étant le diviseur *premier* impair de $p-1$ correspondant au nouveau facteur binôme que l'on considère.

Cette loi établie, le degré de chaque quotient, qui est la différence entre le degré du dividende et celui du diviseur, est facile à déterminer.

Le degré du premier quotient sera, en effet :

$$\frac{p-1}{2}-\frac{p-1}{2\alpha}, \text{ ou } \frac{p-1}{2}\left(1-\frac{1}{\alpha}\right);$$

le degré du deuxième quotient sera :

$$\frac{p-1}{2}\left(1-\frac{1}{\alpha}\right)-\frac{p-1}{2\beta}\left(1-\frac{1}{\alpha}\right), \quad \text{ou} \quad \frac{p-1}{2}\left(1-\frac{1}{\alpha}\right)\left(1-\frac{1}{\beta}\right);$$

le degré du troisième sera :

$$\frac{p-1}{2}\left(1-\frac{1}{\alpha}\right)\left(1-\frac{1}{\beta}\right)-\frac{p-1}{2\gamma}\left(1-\frac{1}{\alpha}\right)\left(1-\frac{1}{\beta}\right),$$

ou $\quad \frac{p-1}{2}\left(1-\frac{1}{\alpha}\right)\left(1-\frac{1}{\beta}\right)\left(1-\frac{1}{\gamma}\right)$; et ainsi de suite (*).

(*) Tout ce que nous venons de dire, dans cette note sur les *équivalences*, est facile à étendre au cas de $x^u \equiv 1$, u étant un diviseur de $p-1$. Seulement, il y aura deux cas à considérer celui de u pair, et celui de u impair. Dans le premier cas, le degré de l'*équivalence* sera $\frac{u}{2}\left(1-\frac{1}{\alpha}\right)\left(1-\frac{1}{\beta}\right)\left(1-\frac{1}{\gamma}\right)\ldots$, ou $u\left(1-\frac{1}{2}\right)\left(1-\frac{1}{\alpha}\right)\left(1-\frac{1}{\beta}\right)\left(1-\frac{1}{\gamma}\right)\ldots$; dans le second, il serait $u\left(1-\frac{1}{\alpha}\right)\left(1-\frac{1}{\beta}\right)\left(1-\frac{1}{\gamma}\right)\ldots$, parce que la formule de l'*équivalence* devient $\frac{(x^u-1).\,F(x)}{\left(x^{\frac{u}{\alpha}}-1\right)\left(x^{\frac{u}{\beta}}-1\right)\left(x^{\frac{u}{\gamma}}-1\right)\ldots}$; nous désignons toujours par α, β, γ... les diviseurs *premiers* impairs de u. Or il y a autant de racines *primitives* de $x^u \equiv 1$, qu'il y a de nombres *premiers* avec u; il en résulte donc une démonstration indirecte de la formule mentionnée à la page 12, formule qui fait l'objet de la note troisième.

TROISIÈME NOTE.

Démonstration directe de la formule $N = n\left(1-\frac{1}{a}\right)\left(1-\frac{1}{b}\right)\left(1-\frac{1}{c}\right)\dots$.

Cette formule, qui sert à déterminer combien il y a, jusqu'à n, de nombres *premiers* avec n, et dans laquelle a, b, c,... représentent ses diviseurs *premiers*, se trouve dans Gauss, page 52 de l'ouvrage cité; mais il omet de la démontrer, comme étrangère à son but, et pouvant se démontrer sans peine par la théorie des combinaisons. On la reconnaît également, bien que sous un énoncé différent, page 352 de la théorie des nombres; mais le raisonnement de Legendre nous semble beaucoup trop succinct. Enfin nous la trouvons dans les exercices de M. Cauchy, année déjà citée, page 228; mais ce géomètre la déduit comme conséquence du nombre des racines *primitives*, annonçant qu'il serait facile de la démontrer directement. Bien que cette formule résulte aussi des principes de la note précédente, nous pensons devoir en donner une démonstration directe.

Soit $n = a^\alpha . b^\beta . c^\gamma$, en nous bornant à trois facteurs *premiers*, ce qui n'ôte rien du reste à la généralité du raisonnement.

Il faut d'abord rejeter de la suite des nombres entiers de 1 à n, tous ceux qui sont multiples de a. Ces multiples sont :

$$a, 2a, 3a, \dots \qquad a^{\alpha-1}.b^\beta.c^\gamma.a;$$

de sorte qu'il y en a $\frac{n}{a}$, et que par conséquent de 1 à n, il se trouve $n - \frac{n}{a}$ ou $n\left(1-\frac{1}{a}\right)$ nombres *premiers* avec a.

Il faut maintenant rejeter de la suite des nombres entiers, après le rejet des multiples de a, tous ceux des termes restant qui sont multiples de b. De 1 à n, les multiples de b sont :

$$b, 2b, 3b, \dots \qquad a^\alpha.b^{\beta-1}.c^\gamma.b;$$

et il s'agit de savoir combien parmi ces nombres, il s'en trouve de *premiers* avec a, puisque tous ceux d'entre eux qui contiennent a, ont déjà disparu dans la suite des n premiers nombres. Pour le connaître, il suffit de considérer la suite des coefficients de b qui sont 1, 2, 3,... $a^\alpha.b^{\beta-1}.c^\gamma$. Or, dans cette suite de termes dont le nombre est $\frac{n}{b}$, il y a $\frac{n}{b}\left(1-\frac{1}{a}\right)$ nombres *premiers* avec a, conformément au raisonnement qui a précédé; car ce raisonnement étant vrai pour n, est vrai pour tout autre nombre n', pourvu qu'il soit un multiple de a, et peut par conséquent s'appliquer au cas de $n' = \frac{n}{b}$. Ainsi l'expression $n\left(1-\frac{1}{a}\right)-\frac{n}{b}\left(1-\frac{1}{a}\right)$, ou plus simplement $n\left(1-\frac{1}{a}\right)\left(1-\frac{1}{b}\right)$, indique combien il y a de nombres *premiers* avec a et b, de 1 à n.

Il faut encore, après ce double rejet, retrancher des termes restant de la suite des n premiers nombres entiers, les multiples de c. De 1 à n, les multiples de c sont c, $2c$, $3c$,... $a^{\alpha}.b^{6}.c^{\gamma-1}.c$; mais nous ne devons prendre parmi ces multiples que ceux qui sont *premiers* avec a et b, puisque tous les autres ont déjà été écartés. Tout se réduit donc à en connaître le nombre qui est $\frac{n}{c}\left(1-\frac{1}{a}\right)\left(1-\frac{1}{b}\right)$. En effet, les facteurs a et b ne pouvant se trouver que dans les coefficients de c, c'est-à-dire dans la suite 1, 2, 3... $\frac{n}{c}$, on peut appliquer à cette suite de 1 à $\frac{n}{c}$, le raisonnement fait pour la suite de 1 à n, et l'on obtiendra le résultat en remplaçant n par $\frac{n}{c}$ dans l'expression.

Le nombre cherché N sera donc définitivement :

$$N = n\left(1-\frac{1}{a}\right)\left(1-\frac{1}{b}\right)-\frac{n}{c}\left(1-\frac{1}{a}\right)\left(1-\frac{1}{b}\right),$$

c'est-à-dire : $N = n\left(1-\frac{1}{a}\right)\left(1-\frac{1}{b}\right)\left(1-\frac{1}{c}\right)$ (*).

(*) Depuis que ce mémoire est écrit, nous nous apercevons qu'une démonstration semblable se trouve, page 310, dans l'*algèbre* de M. Cirodde, qui la donne d'après M. Poinsot. Il paraît que ce savant l'avait publiée, avec d'autres propositions, dans le dixième volume du *Journal des mathématiques* de M. Liouville. Nous ne croyons pas devoir la supprimer de ce mémoire, où sa place est marquée.

Paris. — Typographie de Firmin Didot frères, rue Jacob, 56.

www.ingramcontent.com/pod-product-compliance
Ingram Content Group UK Ltd.
Pitfield, Milton Keynes, MK11 3LW, UK
UKHW012132240726
13965UKWH00005B/2138

9 782013 356800